U0350899

红袋鼠物理千千问

两种能量：
牛顿物理 ④

[加拿大] 克里斯·费里　著 / 绘　　那彬　译

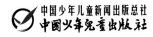

中国少年儿童新闻出版总社
中国少年儿童出版社

北　京

作者简介 ···

克里斯·费里，80 后，加拿大人。毕业于加拿大名校滑铁卢大学，取得数学物理学博士学位，研究方向为量子物理专业。读书期间，克里斯就在滑铁卢大学纳米技术研究所工作，毕业后先后在美国新墨西哥大学、澳大利亚悉尼大学和悉尼科技大学任教。至今，克里斯已经发表多篇有影响力的权威学术论文，多次代表所在学校参加国际学术会议并发表演讲，是当前越来越受人关注的量子物理学领域冉冉升起的学术新星。

同时，克里斯还是 4 个孩子的父亲，也是一名非常成功的少儿科普作家。2015年 12 月，一张 Facebook（脸书）上的照片将克里斯·费里推向全球公众的视野。照片上，Facebook（脸书）创始人扎克伯格和妻子一起给刚出生没多久的女儿阅读克里斯·费里的一本物理绘本。这张照片共收获了全球上百万的赞，几万条留言和几万次的分享。这让克里斯·费里的书以及他自己都受到了前所未有的关注。

扎克伯格给女儿阅读的物理书，只是作者克里斯·费里的试水之作。2018 年，克里斯·费里开始专门为中国小朋友做物理科普。他与中国少年儿童新闻出版总社全面合作，为中国小朋友创作一套学习物理知识的绘本——"红袋鼠物理千千问"系列。

红袋鼠说："妈妈说我需要吃东西才能获得能量，而我又需要跑一跑、玩一玩才能消耗掉能量。什么是能量呢？我一定要问问克里斯博士。"

红袋鼠问："克里斯博士，您能跟我讲讲能量吗？"

克里斯博士回答："好呀！能量有两种：**势能**和**动能**。"

克里斯博士继续说："动能是最容易理解的，就是运动的能量。也就是说，运动的物体拥有运动带来的能量。"

红袋鼠说："像我一样！我就喜欢运动。"

8

　　克里斯博士问："有两个用同样物质做的球在运动，你能猜猜哪个球的动能多吗？是移动快的球还是移动慢的球呢？"

　　红袋鼠回答："肯定是移动快的球。"

克里斯博士又问："如果这两个球移动的速度一样，但大小不一样。你现在能猜出哪个球的动能大吗？"

红袋鼠回答："其中一个球要大很多。如果我想抓住它，可能会被它撞倒。所以大球的动能大。"

克里斯博士说："同样物质构成的大的、快速运动的东西动能更大。但所有运动着的东西都有动能，就连我们看不见的小小的原子也在运动，它们也有动能。"

克里斯博士接着说："你身体里所有原子的运动都会转化成热量。"

红袋鼠说："我玩的时候，原子也跟着加快运动了吧！它们速度越快，产生的动能就越多，这些动能会转化为热量，难怪在运动之后我会觉得热呢。"

克里斯博士说："为了让运动能持续进行，必须不断有能量供给，所以你需要吃东西。食物给了你另外一种能量：势能！"

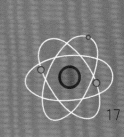

红袋鼠好奇地问："那势能就是食物的能量吗？"

克里斯博士回答："接近了。势能是一种储存起来的能量。食物中的能量等待着被利用起来产生动能。看食物包装上的标签，你就可以看出这种吃的有多少能量。"

克里斯博士又说："势能有很多种类型。一个球举在高处，虽然它一动不动，也有势能。你知道这是为什么吗？"

红袋鼠说："因为如果放开这个球，它就会动起来。"

21

克里斯博士说："电池也是势能的一个很好的例子。电池里存储着能量，这个能量可以用来让电子移动而产生电。"

红袋鼠说："而电可以让我的玩具动起来。等它们动起来了，就有动能了。"

23

红袋鼠接着说："我通过吃东西来获得势能，用势能通过跳呀玩呀这些运动来制造动能。"

克里斯博士说："不完全对。你只是在帮助能量转移。太阳能让植物生长，植物储存能量供给你吃，你又用这个能量来运动身体，而你的身体运动又把能量转移到其他地方。"

25

"能量在宇宙中转变着形式，不断循环往复，但能量不可能被创造，也不可能被毁灭，这就是**能量守恒定律！**"

红袋鼠说："能量到处都存在！现在我看米饭都和从前不一样了。"

29

版权合作方： 澳大利亚米酷传媒

图书在版编目（CIP）数据

牛顿物理. 4，两种能量 ／（加）克里斯•费里著绘；
那彬译. — 北京：中国少年儿童出版社，2019.5
（红袋鼠物理千千问）
ISBN 978-7-5148-5363-6

Ⅰ．①牛… Ⅱ．①克… ②那… Ⅲ．①物理学－儿童
读物 Ⅳ．①04-49

中国版本图书馆CIP数据核字(2019)第051147号

审读专家：高淑梅 江南大学理学院教授，中心实验室主任

HONGDAISHU WULI QIANQIANWEN
LIANGZHONG NENGLIANG：NIUDUN WULI 4

出 版 发 行： 中国少年儿童新闻出版总社
中国火年兑童出版社

出 版 人：孙 柱
执行出版人：张晓楠

策　　　划：张　楠	审　　　读：林 栋 聂 冰
责任编辑：徐懿如 郭晓博	封面设计：马 欣
美术编辑：马 欣	美术助理：杨 璇
责任印务：任钦丽	责任校对：颜 轩

社　　　址：北京市朝阳区建国门外大街丙12号　邮政编码：100022
总 编 室：010-57526071　　　传　　　真：010-57526075
客 服 部：010-57526258
网　　　址：www.ccppg.cn　　　电子邮箱：zbs@ccppg.com.cn

印　　　刷：北京尚唐印刷包装有限公司

开本：787mm×1092mm　1/20　　　　印张：2
2019年5月北京第1版　　　　2019年5月北京第1次印刷
字数：25千字　　　　印数：10000册
ISBN 978-7-5148-5363-6　　　　定价：25.00元

图书若有印装问题，请随时向本社印务部（010-57526183）退换。